ハシビロコウの
ボンゴとマリンバ
PHOTO BOOK

BONGO

MARIMBA

BONGO
B

MARIMBA

神戸どうぶつ王国で暮らすハシビロコウ。
その堂々とした出で立ちから
王様的な存在のボンゴ。

「動かない鳥」として有名なのに
意外に動くボンゴに対し
ハシビロコウらしく動かない
女王の風格のマリンバ。

王様のボンゴと女王様のマリンバ。
王国内で人々を静かに眺めたり、
大きな翼を広げて交差する

2羽が奏でるハーモニーを
とくとご堪能あれ。

特徴と違い

BONGO

来園日	2015年12月
推定年齢	13歳
身長	約1.2m
体重	約6kg

MARIMBA

来園日	2015年11月
推定年齢	10歳
身長	約1m
体重	約5kg

CONTENTS

ボンゴとマリンバの見分け方

Ⓑ ボンゴ
Ⓜ マリンバ
←左のマークをご参照ください

NEW SHOT

ボンゴ、マリンバの最新ショット

撮影日は2025年1月末。その日の2羽は動かない鳥の異名を覆すほど、園内を活発に動いていました。何度も飛翔を繰り返すボンゴと、巣材を掴んでは運ぶ、今まで見たことの無いマリンバの姿をキャッチすることができました。

BIG BILL

展示場紹介

2021年4月にオープンした
ハシビロコウ生態園
Big bill（ビッグビル）

足を踏み入れれば、目の前に広がる池と緑豊かな植物。太陽光が差し込み、むっとした熱気がまとわりつく。まさにここはアフリカの湿地。室内であることを忘れそうな広さのボンコとマリンバの住まいを紹介します。

LAYOUT

ボンゴとマリンバの住まい解説

ハシビロコウ生態園 Big bill（ビッグビル）

国内最大級の広さの室内展示場。見通しの良い池エリアと植物が生い茂るエリアに分かれ、小川（小水路）などを配置した湿地環境で生息地を再現しています。

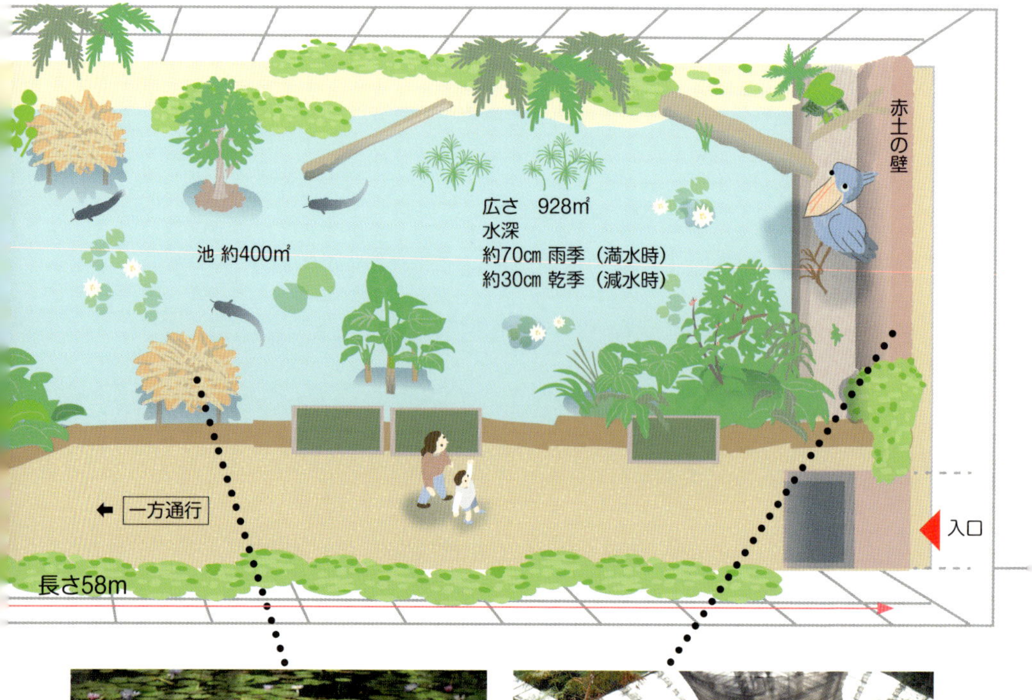

池に浮かぶスイレン（周りにもたくさんの植栽がある）

赤土の壁（マリンバがよく過ごしている場所）

獣舎（閉園後はここで過ごしている）

ハシビロコウの通り道（歩きながら移動するスペース）

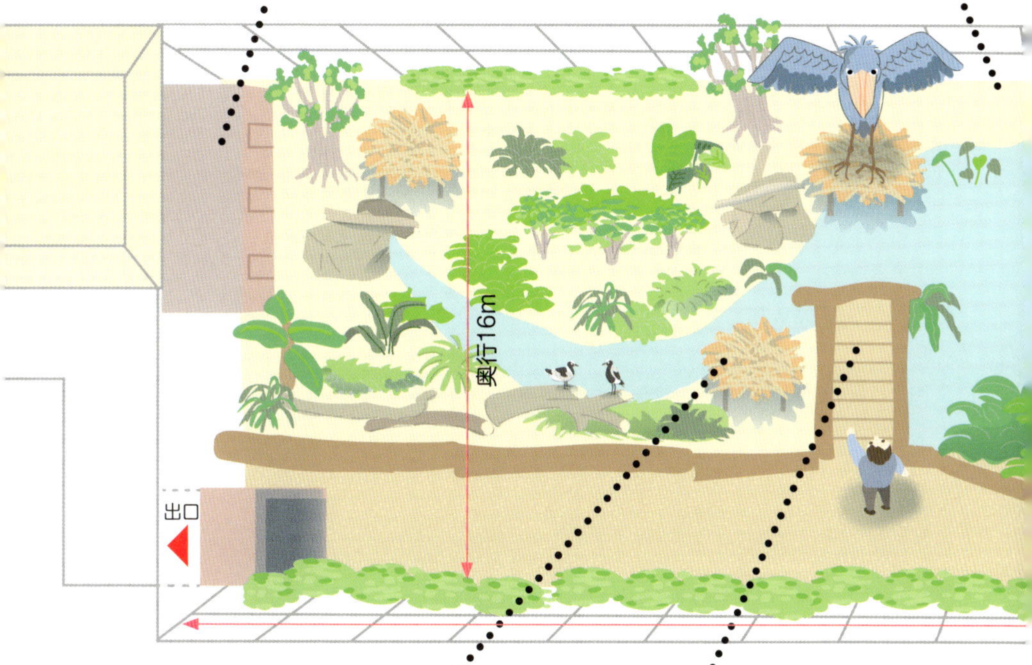

巣台（数ヶ所巣台が配置されている）

観察デッキ（タイミングが合えば至近距離から観察できる）

HISTORY

2014年から
現在までの
あゆみ

神戸どうぶつ王国とボンゴ、マリンバの歩み

神戸どうぶつ王国のオープンと同時に始まったハシビロコウの飼育展示。オスとメスのペアでの同居でしたが、そこにいたのは、ボンゴとマリンバではありませんでした。姉妹園である那須どうぶつ王国の3羽のハシビロコウのうち、まずアサラトとカシシを神戸どうぶつ王国でお披露目。ボンゴは3ヶ月後のデビューとなりました。その後マリンバが加わり、那須への移動などの試行錯誤を経て、現在はBig bill（ビッグビル）という本来の生息環境を再現した景観の中でボンゴとマリンバは暮らしています。現在に至るまでの顛末を飼育スタッフさんのコメントとともに振り返ります。

ハシビロコウのヒストリーは2024年に急逝された初代園長の佐藤哲也氏の存在なしに語れません。ハシビロコウは謎の多い動物とされ、飼育情報も少ない希少種。そのような状況でも佐藤園長を中心に飼育スタッフたちは、様々なチャレンジを手探りで行なってきました。ハシビロコウの飼育環境を豊かにすることにとどまらず、種の保存は大切な責務。その思いは佐藤園長の熱い思いを感じとったスタッフたちに現在も引き継がれています。

2014

7月
兵庫県神戸市にあるポートアイランドに、花と鳥をテーマに多数の展示植物、数多くの鳥の野生の姿が体感できる「神戸どうぶつ王国」が開園。

10月
アサラト、カシシが姉妹園の那須どうぶつ王国より来園。神戸どうぶつ王国初のハシビロコウ展示をビッグビルラグーン（現シンリンオオカミ展示場）で公開。

12月
ボンゴが那須より来園。ビッグビルラグーンで展示開始。アサラトと交代展示を行う。

2015

3月
ボンゴがよこはま動物園ズーラシアの期間限定イベント「アフリカンフェスタ」第一弾のため出張

飼育担当者のコメント

10月1日、ついにハシビロコウが到着。長距離移動にも関わらず2羽は比較的落ち着いていて、19時頃採食※もあった。輸送箱の側面にはお客様から頂いた色紙メッセージがあり、那須でとても愛されていたんだなと実感。少しずつ動くようになってひと安心。

ボンゴの瞳の色はまだ黄色が残り※、アサラト、カシシより若干若いと感じた。掃除に入ると威嚇され、アサラト、カシシが窓に近づくと窓ガラスをつつく。2羽を収容した午後、初めてボンゴを展示場に出す。アサラトがよくいる場所で翼を広げていた。

動物の移動は、距離に関係なく常に緊張する。まだまだ謎の多い種、人々に驚きと発見を届けるメッセンジャーになってほしいと見送った。

アサラトとカシシ

ボンゴ来園

※採食：食物を摂取すること
※瞳の色：年齢を重ねるにつれ黄色から青色に変化していく

2015

7月

ボンゴをアフリカンウェットランドにて常時展示（現スマトラトラ展示場）、アフリカハゲコウやアカカワイノシシ、ムナジロガラスと混合飼育。

※この時期より、ビッグビルラグーン（現オオカミ展示場）もアフリカンウェットランドに名称変更

11月

若いメスのハシビロコウ、マリンバが来園。

2016

3月

マリンバをビッグビルラグーンにて展示開始。アサラト、カシシと同居する。

6月

マリンバをペリカンラグーン（現アフリカの湿地）にて展示、ペアリング※開始。小型の水鳥やペリカン、ワオキツネザルやシタツンガと混合飼育。

8月

ボンゴをペリカンラグーン（現アフリカの湿地）にて2羽展示開始

3羽の内、ボンゴを隣の展示場に移動させアカカワイノシシ等と混合展示。大型の動物たちとの同居は飼育スタッフも緊張の連続。特に同じ鳥類のアフリカハゲコウとの関係性は半端ない緊張感。

初日は獣舎窓ガラスに目隠しの新聞紙を貼り様子を見る。瞳の色が黄色く、クチバシが黒い、ボンゴより若いと感じた。飼育スタッフが入ると距離を取った。翌日に新聞紙を外す。4日目にはガラス越しに外の様子をよく見るように。

アサラトの選択肢を増やし繁殖に繋げる為3羽展示にチャレンジしたが、3月末から約2ヶ月半マリンバが屋根の上に上がることが続いた。アサラト&マリンバのペアは断念。

閉園後1時間ほどマリンバを視界に入れた状態で展示場に放した。ボンゴ&マリンバ繁殖に向けての幕開け、後で振り返ると記念すべき1日になるのだろう。

マリンバ来園

マリンバを展示場に出した後、カシシ、1時間後にはアサラトを出す。マリンバは2羽に接近しては威嚇をされ、約2mの距離で落ち着く。初めて展示場に出す時は特に緊張する。ましてやアサラトとカシシとの同居。あらゆる状況を想定し、お客さまにも動物にも怪我がないように脳内で小さな自分を動かしシミュレーションをする。その後マリンバは2羽から威嚇されることが多く、終日屋根上で過ごす。夕方の収容時もなかなか帰らず手こずる。アサラトからお辞儀※をされるも反応なし。

※ペアリング：繁殖のための同居
※お辞儀：求愛行動やコミュニケーションの一つ

2017

11月
アサラト、カシシ那須へ搬出。

関西初上陸と銘打って展示を開始して3年。インパクトのあるビジュアルもあり、すぐに人気者になった2羽。檻や柵などを設けない展示場で、よく晴れた日はお客さまのいる通路まで飛んで行くこともあり、ヒヤッとすることもあったが、文字通りとても近い存在になってくれた。壮行会では司会をしたスタッフは涙した。那須でも元気でいてほしいと願う。

2018

3月
那須どうぶつ王国でウェットランド開館。アサラト、カシシのペアで展示。

8月
アサラト、死亡。

無念としか言いようがない。この仕事についていると、命の誕生のように嬉しい出来事ばかりではない。ただ、飼育スタッフとしてこの命を無駄にしないようにすることが大切だと思い、未だ謎の多いハシビロコウの未来のために細心の注意をはらって見守っていくことを誓う。

9月
カシシに繁殖行動が見られたためボンゴを那須へ移動。

日中マリンバを追い展示場を行き交うことが多く、マリンバにお辞儀をすることもあった。マリンバは反応なし。カシシに繁殖行動が見られたとのことで、ボンゴが那須に行くことになった。ボンゴはよく移動をする。那須までの移動時間は約10時間。無事に到着することを願い送り出す。

11月
那須で同居を続けたが、進展がみられず繁殖期を過ぎたため、ボンゴを神戸へ移動。

那須ではカシシにクラッタリング※をすることもあったようだが、日報には威嚇という文字が多い。何はともあれ、無事の到着が嬉しい。

12月
ボンゴ、マリンバとアフリカの湿地で同居を再び再開。

同居初日、ボンゴが獣舎から出ず終日獣舎管理となり心配したが、翌日は自ら出てきてくれひと安心。

壮行会

アサラト

※クラッタリング：クチバシを打ち鳴らすこと。求愛や、親愛、挨拶、危険周知や威嚇など広く意味を持つ

2021

3月
生息地の環境に近づけたハシビロコウ生態園Big bill（ビッグビル）の工事が始まる。ここで2羽の繁殖を目指す。

クラウドファンディングで実現した新展示場は、恐らく国内最大級の広さ。生息地の再現に植物は欠かせない。植物も共に暮らす生きものだから。当園に植物専門スタッフがいるのが心強い。

4月
ボンゴ、マリンバをビッグビルで展示開始。

新展示場が完成し、閉園後新展示場へ2羽を移動。本来の姿、本来の行動が引き出せる展示場になっているのか、不安と期待でいっぱいになる。マリンバ、ボンゴの順に無事解放。4日後にはビッグビル公開が迫っている。この様子なら無事公開を迎えられそう。
4月25日、コロナ禍で臨時休園を余儀なくされた。新エリアがオープンしてたった4日間の公開となり無念。

5月
那須よりカシシを移動。3羽の同居となりボンゴの選択肢を増やした。

カシシが神戸に戻ってきた。アサラトの死亡後1羽飼育になっていたカシシの繁殖のチャンスを無駄にしないために。数日獣舎管理したのち展示場に解放。

7月
狩りができるように、池にナマズとドジョウを初めて入れる

アニマルウェルフェア※のため池にナマズとドジョウを約50匹放流。4日後、ボンゴがよく池に入り何かを狙っているような様子が見られ、その後ドジョウを捕食した。狩りは大成功。続いてマリンバも。この展示場で初めて狩りを確認した瞬間。以降、マリンバは池をよく覗き込むようになった。

10月
カシシの存在が繁殖の妨げになると判断され那須に移動。再び2羽展示にする。

2022

2月
ボンゴの上空旋回が度々見られる。

カシシがボンゴに対しクラッタリングをしたりお辞儀をしたりすることもあったが、ボンゴはそれに答えなかった。にらみ合いが30分続くことも。残念ながら断念せざるを得ない。

12月
那須にいたカシシは繁殖にむけ高知県立のいち動物公園へ移動。

ビッグビルで3羽同居時のカシシ

※アニマルウェルフェア（動物福祉）は、「5つの自由」という基本原則に加え、「5つの領域」が提唱されている。
飼育動物の採食はただ空腹を満たすだけでなく、捕り方もより本来の行動に近いものにすることが大切。

2023

10月
ボンゴに巣材を運ぶ営巣行動が頻繁に見られるようになる。（入口トンネル上）

ボンゴの営巣行動が盛んになった。ただ、その場所は入口のトンネルの上。まさかあんな所に巣を作るなんて誰も想像していなかった。ビッグビルが一望に見渡せる場所で、ボンゴはマリンバを探しているのだろうか。

2024

5月
ボンゴ、マリンバの間に進展が見られないため一時的に2羽を分離期間とする。ボンゴがアフリカの湿地へ移動。

付かず離れず、一定の距離を保ったまま進展がない2羽。何がだめなのか何度も何度も頭を悩ませる。本来、繁殖期以外はオスとメスは別々に暮らす。ここでもそれを再現することになり、分離期間を設けることになった。

9月
ボンゴがアフリカの湿地からビッグビルに戻り、マリンバとの同居を再開。
※分離期間120日間

120日間の分離期間を終え、ボンゴがビッグビルに帰ってきた。同居を再開した日からボンゴのクラッタリングが連日見られた。この分離がどんな変化をもたらすのか…と思いたいところだが、マリンバはボンゴが近づくと逃げる。

2025

1月
マリンバが巣材を運ぶ営巣行動を始める。

2月
分離期間を設ける際の新展示室が完成。

昨年は分離のためアフリカの湿地にボンゴを移動したが、温度管理など様々なことを考慮し、新設した。この2度目の分離期間を経た後の同居での行動が今から楽しみでもある。

ボンゴの空中旋回

ビッグビルのボンゴとマリンバ

B

MEMORIES SCENE

出会いと別れ、時のうつろい

ボンゴとマリンバは常に一緒というわけではありません。姉妹園や他のエリアへ移動したり、意外と変化のある日々を過ごしてきました。それぞれ異なる環境での姿を追ってみました。

ペリカンラグーン（現アフリカの湿地）

ボンゴとマリンバの出会った場所は多くの水鳥や動物たちが暮らす賑やかな場所。他の場所からボンゴが移動してきて実現した2羽の出会いでした。

B
M

ウェットランド（那須どうぶつ王国）

カシシとのペアリング（繁殖のための同居）のため姉妹園の那須どうぶつ王国へ移動したボンゴ。カシシとは約3年ぶりの再会です。

カシシ
B

B

カシシ

ハシビロコウ生態園 Big bill（ビッグビル）
ハシビロコウの生息地を再現したエリアが新設され、現在2羽の住まいになりました。テニスコート6面分に匹敵する広大な広さで、自由に飛翔する姿が目をひきます。

アフリカの湿地

「♪会えない時間が〜愛育てるのさ〜♥」計画のためマリンバから離れてアフリカの湿地エリアへ。以前一緒に暮らしていた鳥たちとも再会をはたしました。

アフリカハゲコウ
B

INTERVIEW

インタビュー

飼育スタッフさんに2羽の特徴と関係を聞きました

動物管理部　主任

馬場瑞季さん

ばば みづき／飼育員歴12年。
小さな頃から動物がいる環境で育ったが、飼育員を志したのは専門学校時代、自分自身の言葉で動物のことを伝えたいと思ったから。現在はハシビロコウだけでなく、スナネコやコビトカバ、ワオキツネザルなどを担当する傍ら、環境省が取り組む「ミヤコカナヘビ生息域外保全実施計画」にも携わる。

2羽の暮らしぶり

ハシビロコウたちの1日の過ごし方は？

まず朝は、作業の兼ね合いもありますが9時頃から開園の10時までに獣舎の扉を開けてエリアに解放します。その後はそれぞれのお気に入りの場所へ移動したり、水辺に行って水を飲んだり、午前中は比較的活発に動いていいます。出した後の動きはそれぞれの居場所へ行くのが基本ですが、天候によっては活動量は変化します。曇りの日は、晴れて暖かい日より動きが少ないですね。ハシビロコウなので活発というより、「動かない」を基準にすると午前中は多少動きがあります。昼間になると座ったりしてじっとしていますね。そのまま夕方まで動かない日もありますし、少し動き出す時もあります。

前はボンゴだけ獣舎で、マリンバは夜間もエリア内で過ごしていたようですが……

今は2羽とも獣舎に入れています。ホルモン値測定のためフンを毎日採取する必要があり、以前はマリンバが獣舎に戻らず苦労していましたが、だいぶスムーズになりました。今後の事ですが、状況によっては夜間も2羽ともエリアに出す可能性もあります。

獣舎に入れるときは自ら自然に入るんでしょうか。

閉園時間になるとボンゴは気配を察して部屋の前にいたりします。もちろん遠いときもあるので、近づいて誘導することもありますが、扉を開けておくとすんなり入ります。

餌はいつ与えていますか。池にはたくさんの魚が泳いでいますが……

夜間には獣舎の中に水を張った桶を置きニジマスとシシャモをいれて与えています。池にはナマズとドジョウを放し、ボンゴとマリンバが好きなタイミングで食べられるようにしています。栄養強化のために繁殖期前には補充しています。

ハシビロコウと飼育スタッフとの接触も極力避けたいので、いずれ池の魚だけで食事が完結することも理想の一つです。

2羽の食の違いはありますか。

ほぼ同じだと思いますが、マリンバはティラピアを摘まんではみるけど、締めるだけ締めて食べませんでした。現地では食べていると聞いたですが、鱗が硬くて慣れないのかもしれません。話がそれますが、マリンバの方が捕食は上手です。ボンゴは狙うけど外れる事が多いですね。マリンバが狩りが上手なのは常連のお客さまからも言われます。

獣舎の中もカメラがあるのでしょうか？　夜は普通に寝ている？

獣舎にはありませんがBig bill（ビッグビル）には室内カメラがあります。開園中は2羽の様子をモニターで見ています。夜間は寝ていたり、餌を食べて座って休んだりしていますね。

獣舎の中も暖房が効いているんですか？

あのエリア全てが暖房が効いています。温度が下がりすぎないように夜間も調整しています。今季から最低気温が下がりすぎないようにエリア全体を暖める試みをしています。

2羽の関係性

今日はボンゴのお気に入りの場所（入り口の上）にマリンバがいたようですが……

ボンゴの居場所でしたが、2024年頃からマリンバも向かうようになりました。ボンゴがいないときはあえてそこに行くようです。昨年から比べると違った行動が見られるようになりました。

2羽の力関係は変わってきましたか？　以前はボンゴが近づくとマリンバが逃げていたようですが……

去年の繁殖期にもちろん逃避もありました。今は繁殖期ではないのでボンゴの行動も落ち着いていて、マリンバへの接近が少ないです。マリンバもボンゴが近づくと警戒はするけれどそこまで逃げ回りません。ボンゴが執拗に追いかけないのをマリンバは理解しているのかなと思います。

それはいい関係かもしれませんね。

それが次の繁殖シーズンにどう繋がるかが大事になってきます。結局ボンゴがガッツとマリンバに近づいて攻撃しようものならマリンバが逃げてしまいます。ただ、2023年9月頃からボンゴが巣材を咥えて、入口の上に運び始めています。その前年は、巣材運びの行動は、それほど見られなかったので、年々、違ってきているという認識です。

今朝はマリンバが巣材を咥え

ていました……

そうなんです。マリンバはあまり営業することがないので、めずらしい動きでした。私たちが接触しないようにしているのが影響しているのかとも思います。

今までに大きな争いはありましたか？　マリンバのクチバシに穴が空いたこともあったようですが。

攻撃を受けたことは今までもあります。ただ、マリンバのかわし方が上手くなりました。ボンゴが来たら、こう離れようという対応を学習したようです。

人や他の動物との関係

飼育スタッフさんとの接触は避けているんでしょうか？

来園当初は手から魚をあげていたので、接触していました。ただそれは飼育スタッフに慣れさせるためにしていたこと。動物園で飼育されている動物である以上、人に全く慣れないのは逆にストレスになることもあります。ただ繁殖を目指す以上、慣れすぎるのはよくないという判断に変わりました。それでも、ボンゴがスタッフにお辞儀やクラッタリングで反応してしまうので、最近はスタッフジャンパーや王国の制服を着ているスタッフの通行を禁止しています。

でも、飼育スタッフさんとバレていませんか？

今でも一部のスタッフにはお辞儀やクラッタリングをしています。制服以外の別の上着を着ていてもボンゴにはわかっているようですね。

それはボンゴだけですか？

マリンバもわかっているかもしれませんが、より強い反応をするのはボンゴです。来園者と私服のスタッフとの見分けは難しいはずなんですが、動きの違いなど、見る位置によっては気づかれているのかなと思います。上着だけでなくパンツなども着替えないとダメかもしれません。

2羽ともディスプレイ※をしている印象がないのですが……

ボンゴはクラッタリングをよくしています。マリンバは当園に来てから1度ぐらいしか私は聞いたことがないですね。

ディスプレイをしないハシビロコウは珍しいですね。

そうですね。そのことも理解していかないといけません。ボンゴがいくらクラッタリングやお辞儀をしてもマリンバがディスプレイをしない理由が現状は分かっていません。本来はそれでコミュニケーションとっているはずなのに、人にもボンゴにもしないことはマリンバを理解する上で重要な部分でもあるので、あらゆる可能性を想定して対応していきたい。例えば別の個体がクラッタリングしているのを聴かせるなどの案が出たこともあります。

マリンバは意外性の多い個体ですね。

謎の多いハシビロコウかもしれませんね。

「アフリカの湿地」で一緒にいた他の鳥や動物たちと、現在の住環境に違いはありますか?

ワオキツネザルやペリカン、アフリカハゲコウがいた時は、ハシビロコウへのプレッシャーは大きかったと思います。今も小型の鳥はいますが、縄張り争いにはなっていません。以前体長30㎝ほどのハシビロコウに比べれば小さな鳥、シロクロゲリが繁殖した時は一時的にですが、ボンゴが近くを通ると追い払おうと羽ばたいたりしていましたね。縄張り意識が強い鳥は大きさは関係なく向かっていきます。

※ディスプレイ:お辞儀やクラッタリングなどの求愛行動。

意外です。ハシビロコウが縄張り意識が強くて周りにプレッシャーを与えている印象がありました。

逆ですね。ワオキツネザルの中には好奇心旺盛でハシビロコウに近づいてちょっかい出そうとする個体もいます。それに対して攻撃ではなく、威嚇で口を開けたりはしていました。

他の動物と人とでは反応は違いますか。

他の動物は、飼育スタッフからは餌をもらえると捉える部分はあります。ハシビロコウもずっと飼育スタッフの手から餌を与えれば同じ反応になるかもしれないので、そうしないようにしています。

他の動物も繁殖に関しては人を介入させないなどの対応をしているのですか。

状況や種や個体の性格によってさまざまだと思います。飼育スタッフに慣れているからこそ、子育てがうまくいく場合もあります。繁殖がうまくいくように飼育スタッフが関わっていくことも必要だと思います。

距離感が大事ですね。

動物園で飼育する以上、飼育スタッフに慣れさせて行くことも大切です。ただし慣れすぎるのも弊害が出ることもある。繁殖に関しては影響が出てくるかも知れないですし、難しい問題です。

新設当時と比べてビッグビルもだいぶ変わりましたね。

そうですね。木がだいぶ生い茂り、森みたいになりました。ただ、ハシビロコウの野生での生息地はジャングルではないので、少しづつ植物の剪定をし、本来の生息地（湿地）のような開けた空間を作りました。新設して以来、正解がわからない中で試行錯誤しています。今後もそれを考えるのが神戸どうぶつ王国の繁殖に向けての試みです。

MARIMBA SHOT

独特な佇まいに心をつかまれる

一筋縄ではいかない個性的なマリンバ。その胸の内には何があるのか？
マリンバの一挙手一投足から目が離せない。

BONGO SHOT

まっすぐな眼差しに射抜かれる

勇猛なオスらしく活動的なボンゴ。雨に打たれたり、飛んで室内を見回したり…好奇心のままに動く姿を追ってみました。

BREEDING

長期戦で望む繁殖の試み

環境破壊による動物の激減などにより、動物園に求められる役割は変化しています。野生動物たちの現状を伝えることや保全のみならず、希少動物を増やし将来に繋ぐ「種の保存」は動物園の果たすべき使命。周知のとおりハシビロコウは絶滅の危機に瀕しており、世界のいくつかの動物園で繁殖を試みていますが、動物園での成功の報告例は2例。神戸どうぶつ王国では生息地の環境を再現することから始め、様々な施策にチャレンジしています。さらに情報を他の園とも共有し、繁殖技術の向上によって日本初のハシビロコウ誕生を目指しています。

監修:楠田哲士 | 国立大学法人東海国立大学機構岐阜大学教授
応用生物科学部 動物保全繁殖学研究室／動物園生物学研究センター

❶生息地に近い環境づくり

オープン当初のハシビロコウ生態園全景

パピルスの移植

植栽移植

旧スイレン池

ハシビロコウ生態園、Big bill（ビッグビル）は国内最大級の広さ（テニスコート約6面分）を持ち、生息地アフリカの湿地帯を再現するための工夫が随所に施されています。温室構造の高い天上から自然光が差し込み、気温は15～30℃に保たれています。湿地は約400㎡の大きな池と池に流れ込む小川で構成。深さは雨季で約70㎝（満水時）、乾季で約30㎝になり、この池には緩やかな水の流れも。水温は通年で20～25℃に設定。植栽には最も力を入れ、湿生植物を中心に約40種500株を用意。生い茂った木々や水面に浮かぶ植物は、室内でありながら豊かな自然を感じさせます。

❷環境変化の演出

降水器

雨の演出

降水器用タンク

生息地のアフリカは日本とは気候が違い雨季と乾季が交互にやってきます。野生のハシビロコウの繁殖期は雨季が終わり乾期が始まる頃。乾期になると水が引き、巣が水没せず子育てができるからと言われています。ビッグビルではその対策として降水器を設置。観客通路以外に人工的に雨を降らすことができます。以前は30分でタンクが空になり水の補充が必要でしたが、パワーアップして1日継続しての降雨が可能になりました。２０２４年の９月は1日中雨を降らし雨季を再現。池の水位は調整可能なので低く設定し次は乾季を演出します。

❸栄養と健康管理

池のナマズなどを捕食

バケツに入った魚

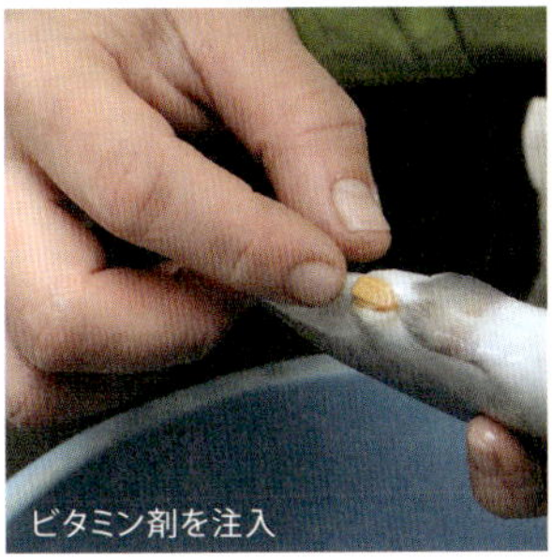
ビタミン剤を注入

池にドジョウを放流

繁殖をめざす上でも重要なのはボンゴとマリンバが健康であること。その健康の基本はやはり食です。2羽は池に放した魚を捕食するだけでなく、夜間過ごす獣舎の中ではビタミン剤を入れた魚を桶に入れ栄養補給出来るようにしています。さらに繁殖期前には栄養価の高いナマズとドジョウを池に入れ、水位を下げて捕りやすくします。健康管理は適時の体重測定や血液検査も大切ですが、病気や怪我を未然に防ぐため日々の細かな観察も欠かせません。ホルモン検査のためのフン採取時には、生魚を与えているので寄生虫の有無も確認しています。

❹ホルモン検査

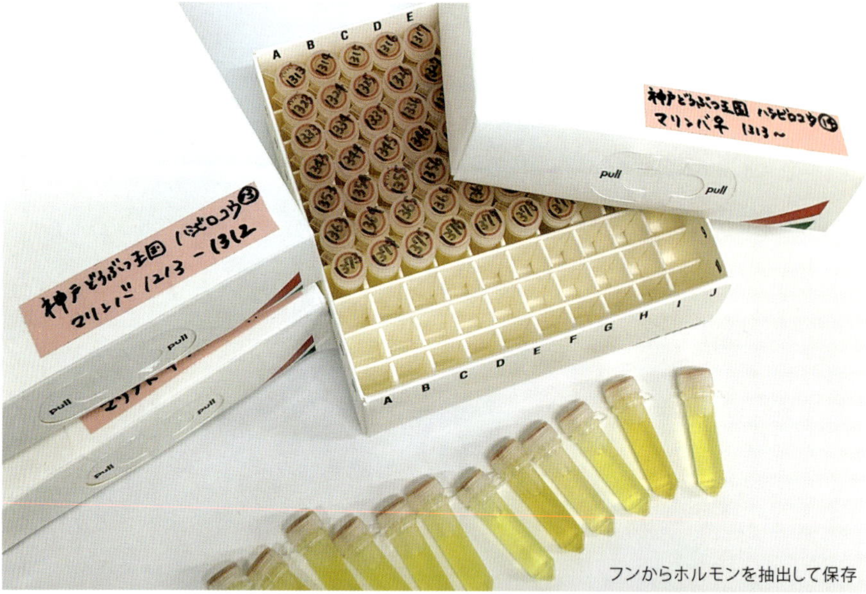

フンからホルモンを抽出して保存

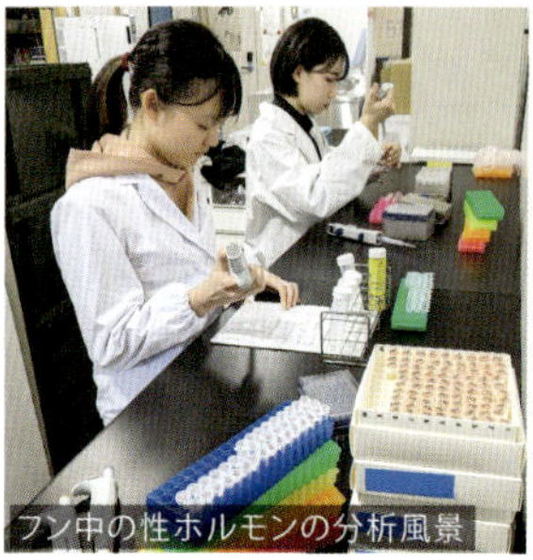
フン中の性ホルモンの分析風景

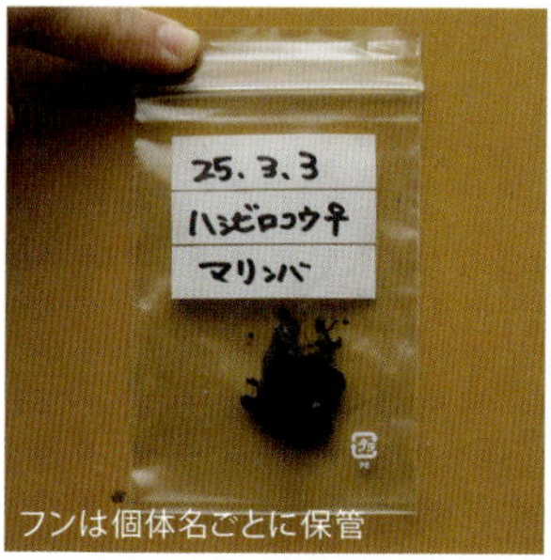

フンは個体名ごとに保管

フンの採取

ハシビロコウに限らず動物の繁殖は性ホルモンなどの働きで調節されています。ボンゴ、マリンバでも来園時から性ホルモン濃度の変化を追跡中。通常採血が必要ですが動物へのストレスになるため、代替としてフンを用いています。毎日、獣舎から出た後に採取。長年の継続的な分析でボンゴもマリンバも、ホルモン濃度に増加がみられる時期がありますが、決まった季節性や周期ではありません。飼育環境の変化や行動との比較、他園のハシビロコウのホルモン分析結果、野生でのわずかな生態情報などから、繁殖生理の特徴や繁殖条件を模索しています。

❺データと協力体制

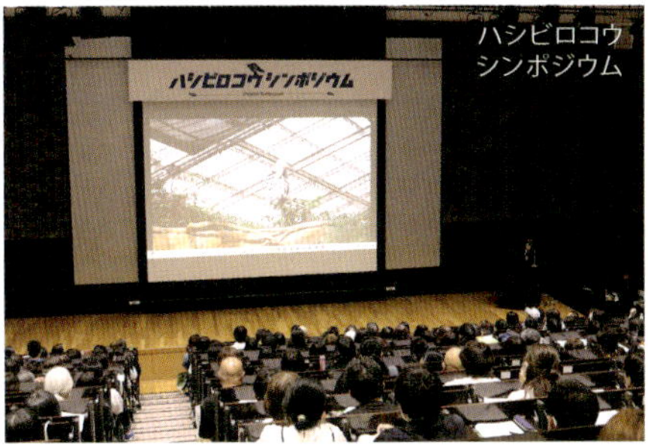

活動量計と映像解析の比較

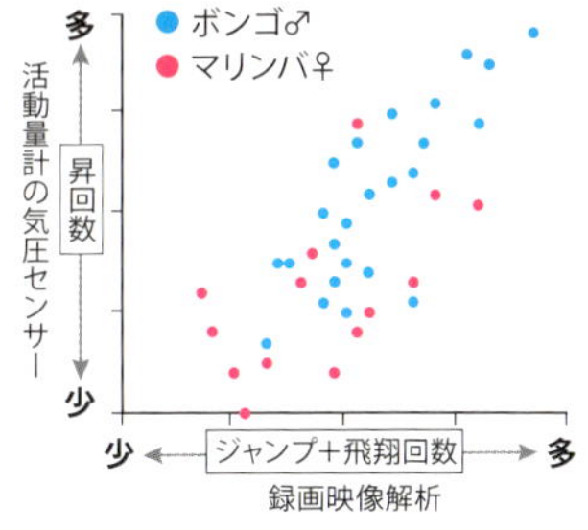

2羽の尾羽につけられた器具は活動量計。これは歩数計のようなもので、歩行に限らず飛翔などの活動を24時間計測して数値化しています。データはホルモン検査の分析や日々の行動観察と照らし合わせ、年間の行動量の変化や繁殖シーズンとの関係を調べています。他にも大学との共同研究で目視による行動調査を行い、羽繕いや移動などの動きを時系列で記録。こうして蓄積された様々なデータは貴重な情報。今後も一つの園の枠を越え、他の施設との協力や繋がりを継続していきます。その先にはハシビロコウの繁殖という成果がきっとまっているでしょう。

KOBE ANIMAL KINGDOM

花と動物と人とのふれあい共生パーク

約150種800頭羽の動物がいるほか、年間通して1000種類、1万株の花や植物が鑑賞できる。園内のあちこちで自由に過ごしす動物たちを身近に感じたり、水鳥たちにエサをあげることもできます。雨の日でも安心の全天候型施設もあり、動物たちのパフォーマンスやアトラクションが人気の施設。

神戸どうぶつ王国

〒650-0047
兵庫県神戸市中央区港島南町7-1-9
電話：078-302-8899
営業時間：10時～17時
休園日：木曜日
https://www.kobe-oukoku.com/
営業時間や休園日は変更になる場合がありますので公式サイトをご覧ください。

熱帯の森
鬱蒼としたジャングルを再現したエリア。ブッシュドック、アメリカバクなどを間近で見ることができます。

アジアの森
レッサーパンダやビントロングなど、主に森で暮らす動物たちやマヌルネコを観察できるエリア。

アフリカの湿地
ペリカンをはじめ、さまざまな鳥たちが自由に暮らしています。雨の日でも濡れずに楽しめるエリア。

ロッキーバレー
水辺や草木の中を自由に動き回るオオカミたちの野性味溢れる姿を間近で見ることができます。

動物パフォーマンス
屋外パフォーマンス会場ではバードパフォーマンスなど、動物たちの能力を間近で見ることができます。

アウトサイドパーク
ラクダに乗れるライドコーナーや、小さなお子様はポニーの乗馬体験ができるエリアです。

ボンゴとマリンバの２ショット

南幅俊輔

（みなみはば　しゅんすけ）

盛岡市生まれ。グラフィックデザイナー＆写真家。2009年より外で暮らす猫「ソトネコ」をテーマに本格的に撮影活動を開始。日本のソトネコや看板猫のほか、海外の猫の取材も行っている。著書に『ソトネコＪＡＰＡＮ』（洋泉社）、『ワル猫カレンダー』『ワル猫だもの』（マガジン・マガジン）、『美しすぎるネコ科図鑑』（小学館）、『ハシビロコウのすべて』『ゴリラのすべて』『ラッコのすべて』（廣済堂出版）、『踊るハシビロコウ』（ライブ・パブリッシング）、『ハシビロコウカレンダー』『ハシビロコウのふたば』『アザラシまるごとBOOK』（辰巳出版）。企画編集『ねこ検定』（ライブ・パブリッシング）など。

インスタグラムで
ハシビロコウ写真公開中▶

@SHOEBILL_MANIA

ブックデザイン・撮影／南幅俊輔
企画・編集・デザイン／有限会社コイル
本文デザイン／ハセガワチエコ
アサクラカヨコ
イラスト／イソベサキ
編集協力／宮本江津子
監修（BREEDING）／
岐阜大学応用生物科学部
動物保全繁殖学研究室（楠田哲士）
撮影協力／
神戸どうぶつ王国　那須どうぶつ王国
進行／本田真穂

〈参考文献〉

『ハシビロコウのすべて』廣済堂出版
『ハシビロコウの生物学』エヌ・ティー・エス

ハシビロコウのボンゴとマリンバ

2025年5月1日　初版第1刷発行

著者	南幅俊輔
編著	神戸どうぶつ王国
発行人	廣瀬和二
発行所	辰巳出版株式会社 〒113-0033 東京都 文京区本郷1-33-13 春日町ビル５F TEL 03-5931-5920（代表） FAX 03-6386-3087（販売部）
印刷	三共グラフィック株式会社
製本	株式会社セイコーバインダリー

https://TG-NET.co.jp/

※本書の内容に関するお問合わせはメール（info@TG-NET.co.jp）にて承ります。お電話でのお問合せはご遠慮ください。

ISBN978-4-7778-3239-2